Paolo Giordano

No contágio

Editora Âyiné
Belo Horizonte, Veneza

Direção editorial: Pedro Fonseca
Assistência editorial: Érika Nogueira Vieira
Coordenação editorial: André Bezamat, Zuane Fabbris
Conselho editorial: Lucas Mendes de Freitas, Simone Cristoforetti
Produção editorial: Danielle Queiroz

Praça Carlos Chagas, 49 – 2º andar
30170-140 Belo Horizonte – MG
+55 31 3291-4164
www.ayine.com.br
info@ayine.com.br

Paolo Giordano
No contágio
© Giulio Einaudi editore, 2020
© Editora Âyiné, 2020
Publicado por acordo especial com Paolo Giordano,
em conjunto com seus agentes MalaTesta Lit. Ag.
e a Agência Literária Ella Sher.
O autor doará parte da receita dos direitos de autor
à gestão da emergência sanitária e à pesquisa científica.

Tradução: Davi Pessoa
Preparação: Ana Martini
Revisão: Andrea Stahel
Ilustração: Julia Geiser
Projeto gráfico: Luísa Rabello

ISBN 978-65-86683-07-3

Paolo Giordano

No contágio

Biblioteca antagonista 31

ay Âyiné

Sumário

9	Os pés no chão
13	Tardes de nerds
15	A matemática do contágio
17	Erre com zero
19	Neste louco mundo não linear
21	Deter o contágio
23	Desejar-se o melhor
25	Deter realmente o contágio
27	A matemática da prudência
29	Mão-pé-boca
31	O dilema da quarentena
33	Contra o fatalismo
37	Ainda contra o fatalismo
39	Nenhum homem é uma ilha
41	Voar
43	Caos
45	Ao mercado
47	Ao supermercado
49	Mudanças
51	Uma profecia extremamente fácil

53	Sol com chuva
57	Parasitas
61	Especialistas
63	As multinacionais estrangeiras
67	A Grande Muralha
69	O deus Pã
71	Contar os dias

Os pés no chão

A epidemia do novo coronavírus candidata-se a ser a emergência de saúde mais importante de nossa época. Não a primeira, não a última, e talvez nem mesmo a mais assustadora. É provável que, ao final, não tenha produzido mais vítimas do que muitas outras epidemias, mas passados três meses desde o seu aparecimento já ganhou um recorde: Sars-CoV-2 é o primeiro novo vírus a se manifestar muito rapidamente em grande escala global. Outros muito parecidos, como seu antecessor Sars-CoV, foram derrotados em pouquíssimo tempo. Outros ainda, como o HIV, conspiram nas sombras há anos. Sars-CoV-2 foi o mais audacioso. E sua ousadia nos revela algo que sabíamos, mas que nos custava muito mensurar: a multiplicidade de níveis que nos unem, em qualquer lugar, bem como a complexidade do mundo em que habitamos, com suas lógicas sociais, políticas, econômicas, mas também interpessoais e psíquicas.

Escrevo em um raro 29 de fevereiro, um sábado deste ano bissexto. Os contágios no mundo passaram de 85 mil, quase 80 mil só na China, as mortes estão chegando a 3 mil. Faz pelo menos um mês que essa estranha contabilidade tem sido o pano de fundo de meus dias. Agora mesmo tenho aberto diante de mim o mapa interativo da Universidade Johns Hopkins. As áreas de difusão são identificadas por círculos vermelhos que se destacam contra o fundo cinza: cores alarmantes que poderiam ter sido escolhidas com mais cuidado. Porém, sabemos, os vírus são vermelhos, as emergências são vermelhas. A China e o Sudeste Asiático desapareceram sob uma única grande mancha, mas o mundo inteiro está marcado, e a erupção não pode senão agravar-se.

A Itália, para a surpresa de muitos, se viu no pódio dessa competição produtora de ansiedade. Mas é uma circunstância aleatória. Em alguns dias, de repente, outros países poderão se encontrar em problemas mais graves que os nossos. Nessa crise, a expressão «na Itália» desaparece, já não há fronteiras, regiões ou bairros. O que estamos atravessando tem um caráter supraidentitário e supracultural. O contágio é a medida de quanto o nosso mundo se tornou global, interconectado e inextricável.

Estou consciente de tudo isso e, mesmo assim, olhando para o círculo vermelho sobre a Itália, não posso excluir o fato de ser sugestionado por ele, como todas as pessoas. Meus compromissos para os próximos dias foram cancelados por medidas de contenção, outros foram adiados por mim mesmo. Encontro-me dentro de um espaço vazio inesperado. É um presente compartilhado por muitos: estamos passando por um intervalo de suspensão da vida cotidiana, uma interrupção do ritmo, como às vezes acontece nas canções, quando a bateria desaparece e tem-se a sensação de que a música se dilata. Escolas fechadas, poucos aviões no céu, passos solitários e ecoantes nos corredores dos museus; em todos os lugares há mais silêncio que o normal.

Decidi usar esse vazio escrevendo. Para controlar os presságios e para encontrar uma maneira melhor de pensar em tudo isso. Às vezes, a escrita pode ser um lastro, para manter os pés no chão. Mas há também outro motivo: não quero perder o que a epidemia está nos revelando sobre nós mesmos. Superado o medo, toda consciência volátil desaparecerá num instante – é assim que sempre acontece com as doenças.

Quando vocês lerem estas páginas, a situação terá mudado. Os números serão diferentes, a epidemia terá se espalhado ainda mais, terá atingido todos os cantos civilizados do mundo ou terá sido domada, mas isso não importa. Certas reflexões que o contágio suscita ainda serão válidas. Porque o que está acontecendo não é um acidente casual ou um flagelo. E não é, de forma alguma, uma novidade: já aconteceu e acontecerá novamente.

Tardes de nerds

Lembro-me de certas tardes, durante o biênio do ensino médio, transcorridas simplificando expressões. Copiar novamente uma faixa muito longa de símbolos tirados de um livro e, em seguida, trecho após trecho, reduzi-la a um resultado conciso e compreensível: o, $-\frac{1}{2}$, a^2. Do outro lado da janela escurecia, e a paisagem dava lugar ao reflexo de meu rosto iluminado pela luminária. Eram tardes de paz. Faturas pagas em uma época em que tudo, dentro e fora de mim – especialmente dentro –, parecia voltar-se ao caos.

Muito antes de me tornar escritor, a matemática era meu truque para conter a ansiedade. Ainda acontece comigo assim que acordo: improviso cálculos e sequências numéricas, geralmente é o sintoma de que algo está errado. Suponho que tudo isso faz de mim um nerd. Aceito. E assumo, por assim dizer, o constrangimento. Mas acontece que, neste momento, a matemática não é apenas um passatempo para nerds, mas também a ferramenta indispensável para entender o que está acontecendo e para se livrar das influências.

As epidemias, além de serem emergências médicas, são, antes, emergências matemáticas. Porque a matemática não é realmente a ciência dos números, é a ciência das relações: descreve as ligações e as trocas entre entes diferentes, tentando esquecer do que são feitos esses entes, abstraindo-os em letras, funções, vetores, pontos e superfícies. O contágio é uma infecção de nossa rede de relações.

A matemática do contágio

Era visível no horizonte como uma condensação de nuvens, mas a China está longe, e, depois, imagina! Quando a infecção chegou até nós com força, deixou-nos atordoados.

Para dissipar a descrença, pensei em recorrer à matemática, partindo do modelo SIR, o esqueleto transparente de cada epidemia.

Uma distinção importante: Sars-CoV-2 é o vírus, Covid-19, a doença. São nomes exaustivos, impessoais, talvez escolhidos dessa maneira para limitar seu impacto emocional, mas são mais precisos que o mais popular «coronavírus». Então, usarei aqueles. Então, para simplificar e evitar mal-entendidos com o contágio de 2003, daqui em diante irei abreviar Sars-CoV-2 em CoV-2.

CoV-2 é a forma de vida mais elementar que conhecemos. Para entender a sua ação, temos que descer à sua estúpida inteligência, para ver como ele nos vê. E lembrar que ao CoV-2 não interessa quase nada sobre nós: não liga para nossa idade, para nosso sexo, para nossa nacionalidade nem para nossas preferências. Toda a humanidade se divide para o vírus em apenas três grupos: os Suscetíveis, isto é, todos os que ele ainda pode contaminar; os Infectados, isto é, os já contaminados por ele; e os Removidos, ou seja, os que não pode mais contaminar.

Suscetíveis, Infectados, Removidos: SIR.

De acordo com o mapa do contágio que pulsa em meu monitor, os Infectados no mundo, neste instante, somam quase 40 mil; os Removidos, entre vítimas e curados, um pouco mais.

Mas o grupo sobre o qual é necessário ficar de olhos abertos é outro, o grupo que não é relatado. Os Suscetíveis ao CoV-2 – os seres humanos que o vírus ainda pode contaminar – somam quase 7 bilhões e meio, ou seja, talvez alguém escape.

Erre com zero

Vamos supor que sejamos 7 bilhões e meio de bolinhas de gude. Estamos suscetíveis e imóveis, quando, de repente, uma bolinha infectada nos atinge a toda velocidade. Essa bolinha contaminada é o paciente zero e tem tempo para acertar outras duas bolinhas antes de parar. Estas últimas saltam e atingem em cheio outras duas. Então, novamente. E de novo. E mais uma vez.

O contágio começa dessa forma, como uma reação em cadeia. Na primeira fase, cresce de uma maneira que os matemáticos chamam de exponencial: mais e mais pessoas são contaminadas cada vez mais rápido. Quão rápido depende de um número, que é o coração escondido de qualquer epidemia. Está indicado com o símbolo R_0, o qual se lê «erre-com-zero», e toda doença tem o seu. No exemplo das bolinhas de gude, R_0 era exatamente igual a dois: cada Infectado contaminava, em média, dois Suscetíveis. Para a Covid-19, R_0 é, aproximadamente, dois e meio.

Alto ou baixo, é difícil dizer. Nem faz muito sentido. O R_0 do sarampo é algo em torno de quinze, enquanto o da gripe espanhola do século passado foi de cerca de 2,1, mas isso não a impediu de matar dezenas de milhões de pessoas.

O que nos interessa agora é que as coisas caminham realmente bem apenas se R_0 for menor que um, se cada infectado contaminar menos de uma pessoa. Nesse caso, a propagação se detém por si mesma, a doença se torna um fogo de palha. Se, pelo contrário, R_0 for maior que um, mesmo que ligeiramente, uma epidemia está começando.

A boa notícia é que R_0 pode mudar. Num certo sentido, isso depende de nós. Se diminuirmos as chances de contágio, se corrigirmos nossos comportamentos para tornar mais difícil que o vírus passe de uma pessoa para outra, R_0 diminuirá e o contágio retardará. É por isso que não estamos mais indo ao cinema. Se tivermos firmeza para suportar o tempo necessário, R_0 ficará, finalmente, sob o valor crítico de um, e a epidemia começará a parar. Reduzir R_0 é o sentido matemático de nossas renúncias.

Neste louco mundo não linear

À tarde, espero o boletim da Proteção Civil. Agora é a única coisa pela qual me interesso. Outros eventos continuam a acontecer pelo mundo, são importantes e as notícias os narram, mas não os vejo.

Em 24 de fevereiro, os Infectados certificados em nosso país eram 231. No dia seguinte, subiram para 322, e depois para 470; em seguida, 655, 888, 1.128. Hoje, 1º de março, dia chuvoso, 1.694. Não é o que gostaríamos. E não é nem mesmo o que esperávamos para nós.

Usando números mais manuseáveis, vamos supor que ontem havia dez casos de contágio e hoje, vinte. Nosso instinto nos sugere que amanhã a Proteção Civil irá comunicar um total de trinta infecções. Depois, outras dez, e ainda mais dez. Quando algo cresce, somos inclinados a pensar que o aumento será o mesmo todos os dias. Dito matematicamente, sempre esperamos por um andamento linear. É mais forte do que nós.

O aumento de casos, no entanto, é sempre maior. Parece fora de controle. Poderia acrescentar: eis outra maneira que o vírus encontrou de nos desestabilizar, mas seria uma concessão excessiva à sua inteligência limitada. Na realidade, é a própria natureza que não é estruturada de modo linear. A natureza prefere os crescimentos vertiginosos ou decididamente mais suaves, os expoentes e os logaritmos. A natureza é, *por sua natureza*, não linear.

As epidemias não são exceção. No entanto, um comportamento que não surpreende os cientistas pode nos deixar aterrorizados. O aumento dos casos torna-se assim «uma explosão»; nas manchetes dos jornais se lê «preocupante», «dramático», o que seria apenas previsível. É essa distorção em relação *ao que é normal* que gera o medo. Os casos de Covid-19 não estão aumentando de modo constante na Itália nem em outro lugar, nessa fase aumentam muito mais rapidamente do que isso, e nesse caso não há nada, absolutamente nada, de misterioso.

Deter o contágio

«Como deter algo que cresce sempre mais rápido?»

«Com muita força. Com muito sacrifício. Com muita paciência.»

Agora sabemos que combater a epidemia equivale a diminuir o valor de R_o. É como consertar uma torneira sem fechar a central. Se a pressão nos tubos é altíssima, antes de cuidarmos do resto devemos fazer algo para conter o jato d'água que jorra em direção aos nossos olhos. Essa é a fase da força.

Se R_o for mantido abaixo do valor crítico por tempo suficiente – o tempo em que todos os contágios anteriores vieram à luz e foram igualmente contidos, e na maior parte o intervalo de infecção foi superado –, então começaremos a acompanhar uma desaceleração. O contágio ainda está crescendo, mas mais lentamente. Essa é a fase do sacrifício.

Porém, quando falei de R_o anteriormente, fui precipitado. Também há uma má notícia. No mesmo momento em que as medidas extraordinárias de contenção eram desaceleradas na China, como também na Itália, R_o começava a jorrar, com toda probabilidade, com seu valor «natural» de 2,5. Se você tira a mão de um tubo com pressão, a água começa a sair forte como antes. O contágio volta a se difundir exponencialmente. Inicia então a fase mais difícil, a terceira: a da paciência.

Desejar-se o melhor

Ontem fui jantar na casa de uns amigos. É o último, disse a mim mesmo. Ultrapassados os dois mil casos, começo a quarentena. Ao entrar não beijei ninguém, eles reagiram um pouco mal. Estavam perplexos, principalmente. Essa epidemia parece ter tomado conta de minha cabeça mais que o necessário. Sou um discreto hipocondríaco, em noites alternadas peço à minha esposa que sinta minha testa, mas não é disso que se trata. Não tenho medo de ficar doente. De que, então? De tudo aquilo que o contágio pode mudar. De descobrir que o alicerce da civilização que conheço é um castelo de cartas. Tenho medo da anulação, mas também de seu oposto: que o medo passe sem deixar para trás uma mudança.

No jantar, todos continuavam repetindo «em uma semana estará resolvido», «mas sim, você verá, mais alguns dias e tudo volta ao normal». Uma amiga me perguntou por que eu estava calado. Dei de ombros sem responder, não queria ser o alarmista, ou pior, o azarento.

Se não temos anticorpos contra o CoV-2, temos contra tudo o que nos perturba. Sempre queremos saber as datas do começo e do fim das coisas. Estamos acostumados a impor nosso tempo à natureza, e não vice-versa. Então, exijo que o contágio termine em uma semana, que tudo volte à normalidade. Exijo-o esperando por isso.

Mas, no contágio, precisamos saber o que podemos esperar. Porque não é dito que desejar-se o melhor coincida com desejar algo para si de modo correto. Esperar o impossível, ou apenas o altamente improvável, expõe-nos a uma repetida decepção. O defeito do pensamento mágico, em uma crise como essa, não é tanto pelo fato de ser falso quanto por nos levar em direção à angústia.

Deter realmente o contágio

«Então, como se detém realmente o contágio?»

«Com uma vacina.»

«E se não há a vacina?»

«Ainda, com mais paciência.»

Os epidemiologistas sabem que a única maneira de deter a epidemia é reduzir o número dos Suscetíveis. Sua densidade na população deve se tornar baixa o suficiente para que a difusão seja improvável. É necessário afastar as bolinhas de gude umas das outras. Quando os choques entre elas forem suficientemente poucos, a reação em cadeia será interrompida.

As vacinas têm o poder matemático de nos fazer passar de Suscetíveis a Removidos sem passar pela doença. Elas nos interessam porque nos salvam dos vírus, mas interessam ainda mais aos infectologistas, porque nos salvam das epidemias. Não seria nem mesmo necessária a vacina para todos, bastaria existir em uma porcentagem significativa a ponto de alcançar aquela que é chamada de «imunidade de rebanho».

Mas o CoV-2 tem ao seu lado a sorte de principiante. Pegou-nos despreparados e virgens, sem anticorpos ou vacinas. É novo demais para nós. Traduzida no modelo SIR, essa carga de novidade significa que somos todos Suscetíveis.

Por isso, teremos que aguentar o tempo necessário. A única vacina à nossa disposição é uma forma um tanto antipática de prudência.

A matemática da prudência

Queria chegar às montanhas a todo custo. As férias eram uma recompensa depois do período de provas. Meus amigos, assim como eu, também contavam com isso, tanto que tudo já estava pago, o hotel em Les Deux Alpes[1] e até mesmo, por um excesso de iniciativa, o passe semanal da estação de esqui. Atravessado o túnel de Salbertrand, deparamos com uma tempestade de neve. Devia ter começado havia pouco, as ruas ainda estavam limpas. Dissemos a nós mesmos: conseguiremos. Depois de uns dez quilômetros ficamos presos numa fila de carros parados. Colocamos as correntes nos pneus, com todo o esforço que sua montagem envolve, principalmente se for a primeira vez. Quando estávamos prontos para sair, a neve na estrada chegava aos tornozelos. Telefonei para meu pai. Com

---

1 «Os Dois Alpes», estação de esqui situada em Isère, França. [N. T.]

muita calma, ele me disse que em certas situações a única coragem possível é a renúncia.

Devo-lhe essa lição de prudência, mas também algo mais: sua fundamentação matemática.

Entre suas fixações, sempre houve o excesso de velocidade. Quando nas rodovias éramos ultrapassados por um carro a mil por hora, tal como um míssil, repetia que a pessoa a bordo ignorava evidentemente que a violência de uma colisão não aumenta proporcionalmente à velocidade, mas ao seu quadrado. Eu era criança, ainda muito distante das noções indispensáveis para dar sentido àquela frase. Anos depois, reinterpretei-a à luz da física: na fórmula da energia cinética, a energia de um corpo em movimento não representa a velocidade, mas o seu quadrado:

$$E_c = \tfrac{1}{2}.m.v^2$$

Portanto, a colisão era a energia, e meu pai estava me falando sobre a diferença entre o crescimento linear e o não linear. Estava me avisando que o pensamento intuitivo, às vezes, é um erro. Superar o limite de velocidade na rodovia não era mais perigoso do que eu supunha: era muito, muito mais perigoso.

Mão-pé-boca

Em Milão, fecharam as escolas, as universidades, os museus, os teatros e as academias. Chegam no meu celular fotos desoladoras feitas nas ruas do centro da cidade. Ferragosto[2] em pleno 2 de março. Aqui em Roma ainda se respira um ar de normalidade, mas é uma normalidade condicionada. Em todo lugar sente-se que algo está mudando.

O contágio já comprometeu nossas relações. E trouxe muita solidão: a solidão de quem está hospitalizado na UTI e se comunica com as pessoas através de um vidro, mas também uma solidão diferente, generalizada, a de bocas fechadas em máscaras, de olhares suspeitos, da obrigação de ficar em casa. No contágio, estamos todos livres e em prisão domiciliar.

---

2 Período de férias na Itália, que tem início no dia 15 de agosto, data de comemoração da festa da Assunção de Maria. [N. T.]

Uma semana antes de completar doze anos, tive uma doença chamada de mão-pé-boca. Bolhas apareceram em mim, precisamente, ao redor dos lábios e nas extremidades do corpo. Não tinha febre, nem me sentia mal, exceto pela coceira, mas era muito contagioso, por isso fui colocado em uma espécie de isolamento doméstico. Deram-me luvas brancas de pano para usar quando saísse do quarto, como o Homem Invisível. Embora fosse uma doença exantemática estúpida, lembro que me sentia muito solitário, desanimado, e que chorei no dia de meu aniversário.

Ninguém gosta de ficar de fora. E saber que nossa separação do mundo é transitória não é suficiente para apagar o sofrimento. Temos uma necessidade desesperada de estar com os outros, entre os outros, a menos de um metro das pessoas que são importantes para nós. É uma exigência constante que se assemelha à respiração.

Portanto, temos um movimento de rebelião: não vou me permitir ser controlado, não permitirei que nenhum vírus interrompa minha sociabilidade. Nem por um mês, nem por uma semana, tampouco por um minuto. Dizem-nos o que devemos fazer, mas quem, realmente, está com a razão?

O dilema da quarentena

O contágio, na fria abstração matemática, também é um grande jogo. Um jogo macabro, mas ainda um jogo, com suas regras, suas estratégias, seus objetivos (continuar sendo nós mesmos/ não adoecermos) e com, obviamente, nós, os jogadores. Um jogo que poderíamos chamar: o dilema da quarentena.

Suponhamos que temos marcada a festa de aniversário de um amigo, justamente hoje à noite, mesmo que seja estranho na segunda-feira. A festa será em um local minúsculo. Só que o Ministério da Saúde, ou melhor ainda, a Organização Mundial da Saúde, recomenda evitar aglomerações e manter distância segura para proteger contra ataques de tosse e espirros. Na festa, sabemos, não haverá como respeitar o metro mínimo de distância. E, então, ainda não faz ideia da tristeza?

Cada um de nós tem duas alternativas: ir à festa cruzando os dedos, ou ficar em casa amarrando o bode, pensando nos outros na festa. Sei que todos os convidados estão ponderando as mesmas opções, e

31

um pouco maliciosamente começo a ter esperança de que muitos desistam, assim estaria em uma festa menos lotada do que o habitual. Seria o máximo. Depois, no entanto, pergunto-me o que aconteceria se todos chegassem à mesma conclusão que eu, e se decidissem pelo risco, e se entre nós também houvesse um infectado... Não, nem quero pensar nisso.

Com a atitude usual de não sutilizar, a matemática atribui valores numéricos a cada escolha de cada convidado, insere-os ordenados em uma tabela e observa o que acontece movendo-os de uma coluna a outra. Quem perde, quem ganha nesse jogo? Finalmente, temos em mãos outro resultado não tão intuitivo: a melhor decisão não é aquela tomada com base em meu benefício exclusivo. A melhor decisão é a que considera minha vitória e, ao mesmo tempo, a de todos os outros. Resumindo, desculpem-me, mas a festa fica para outra ocasião.

Contra o fatalismo

A epidemia, portanto, nos encoraja a pensar nela como pertencentes a uma comunidade. Obriga-nos a um esforço de imaginação que, em um regime normal, não estamos acostumados a fazer: vermo-nos inextricavelmente ligados uns aos outros e levarmos em consideração a presença de todos em nossas escolhas individuais. No contágio, somos um único organismo. No contágio, voltamos a ser uma comunidade.

Eis uma objeção frequentemente levantada nessas horas: se a letalidade do vírus é modesta como parece, especialmente para pessoas jovens e saudáveis, por que alguém como eu não deveria correr o risco pessoal e seguir com a vida cotidiana? Uma pitada de fatalismo não é, talvez, um direito inalienável de todo cidadão livre?

Não, não podemos correr riscos. Pelo menos por duas razões.

A primeira é de caráter numérico. A porcentagem de internações necessárias para a Covid-19 não é, de forma alguma, insignificante. A partir das estimativas atuais, que podem mudar, cerca de 10% dos infectados acabam no hospital. Muitas infecções em pouco tempo significariam dizer 10% de um número muito grande, portanto seriam muitas internações sem direito a camas ou enfermeiros. Tantas hospitalizações que provocariam um colapso no sistema de saúde.

A segunda razão é simplesmente humana. Diz respeito ao subconjunto de Suscetíveis um pouco mais suscetíveis que outros: os idosos, as pessoas com saúde debilitada. Vamos chamá-los de Ultrassuscetíveis. Se nós, jovens e saudáveis, nos tornarmos mais vulneráveis ao vírus, automaticamente o levaremos para mais perto deles. Em uma epidemia, os Suscetíveis também devem se proteger para proteger os outros. Os Suscetíveis também são um cordão sanitário.

Desse modo, no contágio, o que fazemos ou não fazemos já não diz respeito exclusivamente a nós. Não gostaria de me esquecer disso, mesmo quando tudo estiver terminado.

Então procuro uma fórmula sucinta, um slogan para memorizar e o encontro em um artigo da revista *Science*, de 1972: «More Is Different» [*Mais é diferente*]. Quando Philip Warren Anderson o escreveu se referia aos elétrons e às moléculas, mas também estava falando de nós: o efeito cumulativo de nossas ações individuais sobre a coletividade é diferente da soma dos efeitos individuais. Se somos muitos, cada comportamento nosso tem consequências globais abstratas e difíceis de conceber. No contágio, a falta de solidariedade é, também, falta de imaginação.

Ainda contra o fatalismo

A comunidade com a qual precisamos nos preocupar não é a de nossa vizinhança nem de nossa cidade. Não é uma região, nem mesmo a Itália, ou a Europa. A comunidade, no contágio, é a totalidade dos seres humanos.

Se estávamos nos elogiando por nossos esforços de proteção de acordo com o Serviço Nacional de Saúde, podemos parar imediatamente. Tenhamos um pensamento novo, muito mais desafiador: tentemos imaginar o que aconteceria – o que acontecerá – se a Covid-19 se espalhasse impetuosamente por partes da África, onde as instalações hospitalares são mais deficientes que as nossas, onde elas, de fato, não existem.

Em 2010, visitei uma missão dos Médicos Sem Fronteiras em Kinshasa, na República Democrática do Congo. A missão se ocupava da prevenção do HIV e da assistência aos soropositivos, especialmente às prostitutas e seus filhos. Ainda tenho uma visão perfeitamente nítida do galpão que servia como um enorme bordel, no qual as famílias viviam separadas umas das outras por cortinas imundas, e mulheres se prostituíam na frente de crianças deficientes. Lembro-me muito bem, porque era a primeira vez que via uma pobreza tão absoluta, tão desumana, e aquilo foi um choque para mim.

Agora tento imaginar que o vírus chegou lá, dentro daquele galpão, porque não nos esforçamos para contê-lo, porque queríamos ir àquela festa de aniversário a qualquer custo. Quem assumirá a responsabilidade por nosso fatalismo privilegiado?

Não somos todos Suscetíveis da mesma forma, e não existem apenas os Ultrassuscetíveis por idade ou condições médicas pregressas. Há milhões e milhões de pessoas Ultrassuscetíveis por razões sociais e econômicas. O destino delas, mesmo que estejam geograficamente muito longe, diz respeito a nós muito de perto.

Nenhum homem é uma ilha

Quando eu estava no ensino médio, houve várias manifestações contra a globalização. Só participei de uma delas e fiquei decepcionado. Não conseguia entender por que estávamos nos lamentando, tudo era abstrato demais, muito genérico. Para ser sincero, gostava da globalização, visto que prometia música excelente e boas viagens.

Ainda agora, quando digo «globalização», fico confuso diante de uma ideia vaga e multiforme. Mas consigo pelo menos intuir seu esboço, seus efeitos colaterais a desenham. Por exemplo, uma pandemia. Por exemplo, a nova forma de responsabilidade estendida, da qual nenhum de nós pode mais escapar.

Realmente, ninguém. Se os seres humanos que interagem uns com os outros estivessem ligados com traços de caneta, o mundo seria um gigantesco rabisco. Em 2020, até o eremita mais rigoroso tem sua cota mínima de conexões. Vivemos em um gráfico muito, mas muito conectado com a matemática.

O vírus corre ao longo dos traços da caneta e chega a qualquer lugar.

Aquela meditação abusada de John Donne, «nenhum homem é uma ilha», assume no contágio um novo e obscuro significado.

Voar

Não somos bolinhas de gude. Somos seres humanos, cheios de desejos e neuroses. Sobretudo, estamos cheios de compromissos. Viajamos com mais frequência e para mais longe do que todas as gerações passadas e mantemos trocas com tantas pessoas que nossos antepassados ficariam tontos.

Se estamos com um forte resfriado, os vírus se movem conosco, dentro de nós, e são disseminados um pouco aqui, um pouco ali, em Milão, em Londres, no supermercado em que fazemos as compras em dias alternados, na casa de nossos pais, onde almoçamos no domingo passado. O contágio é imparcial, especialmente se ocorre por meio de espirros, e é ainda mais eficaz se a maior parte dos Infectados permanece assintomática. Assim como as abelhas e o vento carregam o pólen, carregamos nossas inquietações e nossos patógenos.

Em 2002, o Sars-CoV estreou em um mercado de Cantão, uma província no sul da China. Um médico foi contaminado no hospital e levou o vírus para um hotel em Hong Kong. Duas mulheres foram contaminadas no hotel e viajaram em seguida para Toronto e Cingapura, onde ocorreram outros surtos. Seguindo rotas diferentes, o contágio também teria ocorrido na Europa, naquela época sem consequências.

O tráfego aéreo mudou o destino dos vírus, permitindo que colonizassem terras distantes e se propagassem muito mais rapidamente. Mas não há apenas os voos. Há também os trens e os ônibus, os carros e, agora, as patinetes elétricas. A peregrinação simultânea de 7 bilhões e meio de pessoas: eis a rede de transportes do coronavírus. Veloz, confortável, generalizada – do jeito que gostamos. No contágio, nossa eficiência também é nossa condenação.

Caos

Todos esses deslocamentos somados se tornam um caos colossal. A palavra «caos» nos dá a ideia de algo que escapa das garras da matemática, da própria racionalidade. E, ao contrário, não. Existem técnicas refinadas e eficientes para governar até mesmo a confusão. Existem equações, aliás, agrupamentos de equações ligadas entre si, para observar como um sistema caótico irá evoluir no futuro.

As previsões do tempo funcionam mais ou menos da seguinte maneira: os meteorologistas coletam as medições de uma infinidade de termômetros e barômetros espalhados ao redor da Terra, captadas pelas imagens de satélite, com a velocidade dos ventos, com as precipitações e usam essa quantidade de dados para alimentar as equações dos modelos atmosféricos. Jogam as simulações em calculadoras e delas recebem em troca o clima de amanhã, associado a uma probabilidade.

Hoje, no entanto, é dia 3 de março de 2020, e estamos lidando com previsões diferentes.

Precisamos de dados, muitíssimos dados. Queremos saber quantas pessoas vivem em cada canto do mundo e aonde estão indo. O movimento de todos, não só das pessoas em trânsito. Sabemos que a epidemia muda se mudamos, se deixamos de ir ao escritório, se mantemos distância uns dos outros, se temos medo e quanto, assim nossas simulações precisarão levar tudo isso em conta.

Portanto, matemáticos à obra, mas também físicos, médicos, epidemiologistas, sociólogos, psicólogos, antropólogos, urbanistas e climatologistas. Os cientistas jamais dormiram tão pouco. Todos alimentando de realidade o modelo SIR, para ver aonde o CoV-2 chegará amanhã. Se fizermos uma boa simulação, teremos obtido alguns dias de vantagem.

Ao mercado

Sabemos mais sobre o futuro do CoV-2 que sobre seu passado. As circunstâncias de sua proeza não são claras, e talvez levemos muito tempo para desvendá-las. Mas o mecanismo geral é claro: o CoV-2 – assim como o vírus da SARS e o da Aids – infectou o ser humano a partir de outra espécie animal.

Todos apontam o dedo contra os morcegos, dos quais também veio a SARS. Mas dos morcegos o CoV-2 não passou diretamente para os seres humanos, fez uma parada intermediária em outra espécie, talvez uma cobra. Dentro desse hospedeiro, seu RNA mudou para se tornar perigoso para nós. Nesse momento, deu o segundo salto e infectou uma ou mais pessoas, os pacientes zero dessa história planetária.

Supõe-se que tudo isso tenha acontecido na China, em um mercado de Wuhan, onde exemplares vivos de diferentes espécies selvagens são mantidos em contato muito próximo com as pessoas. A promiscuidade promove a transferência de patógenos. Reconstruir exatamente como, onde e quando a transferência aconteceu não é uma curiosidade em si mesma, mas sim uma missão da epidemiologia tão importante quanto, pelo menos, conter o vírus. Todavia, é uma missão mais lenta e até mesmo mais difícil.

O fato é que muitos resumiram a história do CoV-2 em poucas palavras lapidárias: «Na China, eles comem animais horríveis. E vivos».

Ao supermercado

Tenho um amigo que se casou com uma garota japonesa. Moram na província de Milão e têm uma filha de cinco anos. Exatamente ontem, a mãe e a menina estavam no supermercado e dois caras começaram a gritar que era tudo culpa delas, que deveriam voltar para sua casa, na China.

O medo nos leva a fazer coisas estranhas. Em 1982, quando nasci, o primeiro caso de Aids foi diagnosticado na Itália. Meu pai era então um cirurgião de 34 anos. Disse-me que naquele primeiro período nem ele nem seus colegas sabiam como se comportar, ninguém tinha ideias claras sobre o que era aquele vírus. Quando precisavam operar um paciente doente, usavam dois pares de luvas. Um dia, na sala operatória, caiu no chão uma gota de sangue do braço de uma paciente soropositiva e o anestesista deu um pulo para trás, gritando.

Eram todos médicos, mas tinham medo. Ninguém está realmente à altura para lidar com uma tarefa absolutamente nova. Em circunstâncias como as que estamos vivendo, as reações são todas contempladas: raiva, pânico, frieza, cinismo, descrença, resignação. Bastaria que nos lembrássemos delas, para também nos darmos conta de que podemos ter um pouco mais de cautela que o habitual, um pouco mais de compaixão. E não começarmos a gritar insultos ultrajantes contra outras pessoas pelos corredores dos supermercados.

De qualquer forma – e sem a nossa insuperável dificuldade de distinguir os traços asiáticos –, a culpa do contágio não é toda «deles». A culpa, se realmente queremos encontrar uma, é toda nossa.

Mudanças

O mundo ainda é um lugar maravilhosamente selvagem. Acreditamos tê-lo explorado em sua totalidade, mas existem universos microscópicos dos quais não fazemos ideia, interações entre espécies que nem sequer hipotetizamos.

Nossa agressão ao meio ambiente torna cada vez mais provável o contato com esses novos patógenos, patógenos que até recentemente estavam tranquilos em seus nichos naturais.

O desmatamento nos aproxima de habitats que não previam nossa presença, isto é, um urbanismo incontrolável.

A extinção acelerada de muitas espécies animais força as bactérias, que viviam em seus intestinos, a se mudarem para outro lugar. As criações intensivas produzem culturas involuntárias, onde prolifera, literalmente, de tudo.

Quem entre nós poderá saber o que realmente liberaram os enormes incêndios na Amazônia no verão passado? Quem é capaz de prever o que virá da recente hecatombe de animais na Austrália? Microrganismos jamais recenseados pela ciência estão precisando urgentemente de uma nova pátria. E que terra melhor que nós mesmos, que somos tantos e seremos cada vez mais, que somos tão suscetíveis e temos tantas relações, movendo--nos por todos os lugares?

Uma profecia extremamente fácil

Os vírus estão entre os muitos refugiados da destruição ambiental, ao lado de bactérias, fungos e protozoários. Se conseguíssemos colocar à parte um pouco de nosso egocentrismo, perceberíamos que não são, de fato, os novos micróbios que nos procuram, mas nós que os desentocamos.

A necessidade crescente de alimentos leva milhões de pessoas a comerem animais aos quais deveriam renunciar. Na África Ocidental, por exemplo, está aumentando a prática de caça selvagem de risco, por exemplo, caça aos morcegos, que, ali também, são, infelizmente, os portadores do Ebola.

Os contatos entre morcegos e gorilas, através dos quais o Ebola pode passar facilmente aos seres humanos, são mais prováveis pela superabundância de frutas maduras nas árvores, devido, por vezes, à alternância sempre mais violenta de chuvas anormais e períodos de seca, em virtude, entre outras, da mudança climática...

Nossa cabeça fica tonta. Há uma concatenação mortal de causas e efeitos. Mas concatenações como essa, que são muitíssimas, precisam ser previstas com urgência por mais e mais pessoas. Porque, por fim, podemos viver uma nova pandemia, ainda mais terrível do que a atual. E porque, em sua origem remota, sempre nos encontramos com todos os nossos comportamentos habituais.

Tive a liberdade de dar um pouco de ênfase, no início, quando afirmei que o que está acontecendo já aconteceu e acontecerá novamente. Não era uma profecia improvisada. Não era nem mesmo uma profecia. Aliás, posso acrescentar, agora, desapaixonadamente, que o que está acontecendo com a Covid-19 sempre acontecerá mais frequentemente. Porque o contágio é um sintoma. A infecção está na ecologia.

Sol com chuva

Nos anos 1980, estavam na moda os cabelos volumosos. Todos os dias eram borrifados no ar hectolitros de laca pelos sprays fixadores. Depois, verificou-se que os clorofluorcarbonetos estavam abrindo um buraco na camada de ozônio, e que, se não déssemos uma controlada em seu uso, o sol nos queimaria. Todos mudaram de penteado e a humanidade foi salva.

Nessa época, fomos eficientes e cooperativos. Mas o buraco na camada de ozônio era fácil de imaginar, era um buraco e todos nós somos capazes de visualizar um buraco. O que de essencial nos é solicitado conceber hoje é muito mais evasivo.

Aqui está um dos paradoxos de nosso tempo: enquanto a realidade se torna sempre mais complexa, tornamo-nos cada vez mais refratários à complexidade.

Tomemos como exemplo a mudança climática. O aumento da temperatura da Terra tem a ver com as políticas de preço do petróleo e com nossos planos de férias, com o ato de desligar as luzes do corredor e com a competição econômica entre a China e os Estados Unidos; tem a ver com a carne que compramos no mercado e com o desmatamento selvagem. Os planos pessoal e global se entrelaçam de maneira tão enigmática que nos deixam exaustos mesmo antes de tentarmos entendê-los.

Com as consequências é ainda pior: de um lado, os incêndios na Amazônia; de outro, as chuvas torrenciais na Indonésia; o verão mais quente do século, mas também o inverno mais frio. Os cientistas nos alertam que talvez não sobrevivamos, depois nos dizem que nossas impressões sobre o calor não significam nada, porque um único dia não faz estatística, e uma única pessoa reclamando, muito menos.

No final, a única certeza que temos é que nosso cérebro não nos parece bastante equipado. Mas faríamos bem em equipá-lo rapidamente. Entre as doenças que poderiam se beneficiar com a mudança climática, existem, além do Ebola, também a malária, a dengue, o cólera, a doença de Lyme, o vírus do Nilo Ocidental e até mesmo a diarreia, que talvez seja apenas um pequeno incômodo entre nós, mas também é um perigo muito sério em outros lugares. O mundo está prestes a fazer xixi nas calças.

O contágio é, portanto, um convite para pensar-mos. O tempo de quarentena é uma oportunidade para fazê-lo. Pensarmos o quê? Que não somos só parte da comunidade dos seres humanos. Somos a espécie mais invasora de um frágil e soberbo ecossistema.

Parasitas

Passo meus verões em Salento. Se penso nesse lugar, à distância, e muitas vezes isso acontece, lembro-me, em primeiro lugar, das oliveiras. Na estrada que vai de Ostuni em direção ao mar, existem espécimes tão antigas e majestosas que, ao olhar para elas, você não as chamaria de vegetais. Têm troncos expressivos, parecem sencientes. Às vezes, cedia também ao impulso mágico de abraçar uma delas, para lhe roubar um pouco de força.

A *Xylella fastidiosa*[3] fez uma incursão perto de Galípoli, em 2010. A partir daí, começou sua marcha lenta para o norte, infestando as oliveiras quilômetro após quilômetro. Num primeiro momento, pareciam

———

3 A *Xylella fastidiosa* é uma bactéria gram-negativa classificada como organismo de quarentena. É uma bactéria restrita ao xilema, disseminada por insetos e tem uma ampla gama de hospedeiros. [N. T.]

apenas tufos de folhagem queimados pelo sol, mas com o tempo as árvores se transformaram em esqueletos. No verão passado, dirigindo pela rodovia de Brindisi até Lecce, vi cemitérios de árvores cinzentas.

Ainda assim, dez anos não foram suficientes para que todos os especialistas entrassem num acordo.

A *xylella* existe.

Não, a *xylella* não existe.

A *xylella* irá contaminar
todas as oliveiras.

A *xylella* ameaça apenas
as oliveiras esquecidas.

A *xylella* é provocada
por herbicidas.

A *xylella* chega da China
(é tudo culpa deles).

Temos que arrancar toda árvore no raio
de cem metros de um exemplar infectado.

Basta um pouco de cal
nos troncos,
à maneira antiga.

Ninguém ouse
tocar nas oliveiras!

A epidemia é um
problema regional.
É um problema nacional.
É um problema europeu.

Enquanto isso, o parasita avança, multiplica-
-se imperturbavelmente. Desponta em Antibes, na
Córsega, em Maiorca. A *xylella* ama férias.

Especialistas

4 de março. O governo acaba de anunciar o fechamento de escolas em toda a Itália, e já começei a brigar com algumas pessoas. No contágio, briga-se, sobretudo, sobre a diferença entre a Covid-19 e uma gripe sazonal. Mas também sobre as medidas de contenção, que são ou muito leves, ou exageradas.

Foi assim desde o início: por um lado, há os que enfatizam a propensão do vírus de mandar pessoas para o hospital; por outro, há os que falam dele como um resfriado muito superestimado. Há quem diga para lavar as mãos um pouco mais frequentemente do que o habitual, e seria o suficiente, e há quem peça para que todo o país seja colocado em quarentena. «Os especialistas dizem», «a palavra aos especialistas», «mas os especialistas pensam que».

«O que é sagrado na ciência é a verdade», escrevia Simone Weil. Mas qual é a verdade, quando se questionam os próprios dados, quando se compartilham os mesmos modelos e se chegam a conclusões opostas?

No contágio, a ciência nos decepcionou. Queríamos certezas e encontramos algumas opiniões. Esquecemos que funciona sempre assim, ou melhor, funciona apenas assim, visto que a dúvida para a ciência também é mais sagrada do que a verdade. Agora não nos interessa. Acompanhamos a briga entre especialistas como as crianças olham para a briga dos pais, de baixo para cima. Logo em seguida, começamos, do mesmo modo, a brigar entre nós.

As multinacionais estrangeiras

Onde não há concordância crescem as ervas daninhas, como nas fendas. As ervas daninhas da ciência são conjecturas, manipulações ou verdades e falsidades reais.

A *xylella* é uma invenção de laboratório, criada por multinacionais estrangeiras para colocar nossa produção de petróleo de joelhos.

Na verdade, não; para encher a Puglia com campos de golfe.

As mudanças climáticas fazem parte de um ciclo natural.

Greta Thunberg é paga por multinacionais estrangeiras e desperdiça plástico a todo o custo.

O coronavírus também é uma invenção de laboratório, criada por

multinacionais estrangeiras para
depois venderem sua vacina.

A enésima vacina que
causará autismo em crianças.

A gripe sazonal mata
mais que a Covid-19.

E, de qualquer maneira, os chineses sabiam.

Os americanos sabiam.

Bill Gates sabia.

Em Wuhan, nessas horas, atiram pelas ruas.

Somos livres para acreditar que o CoV-2 tenha se difundido na população chinesa a partir de um frasco roubado de um laboratório no qual estavam em curso experimentos militares secretos. Talvez seja mais fascinante do que a hipótese do transvasamento pelos morcegos. É uma teoria, no entanto, que requer muito mais premissas arbitrárias em relação a um fenômeno documentado que já se repetiu inúmeras vezes: a existência do laboratório, de um projeto militar, do frasco e de um plano para roubá-lo. Em casos como esse, a ciência recorre à Navalha de Occam[4], ou seja: sempre pega o atalho. Portanto, a solução mais simples, a que envolve menos dispêndio de fantasia, é com toda probabilidade a correta. Sobre o laboratório secreto, quem sabe, façamos um filme.

---

4 Princípio lógico e epistemológico que se baseia na argumentação de que para qualquer fenômeno deve-se pressupor a menor quantidade de premissas possíveis. [N. T.]

A Grande Muralha

Por vinte anos acreditei que a Muralha Chinesa era a única construção do homem visível da Lua. Acreditei nisso porque se dizia assim e porque se pode acreditar em algo sem pensar seriamente a respeito. Quando, finalmente, cheguei à Muralha, e depois de ter andado uma hora para frente e para trás, percebi que não fazia nenhum sentido. A Muralha era imponente, mas também bastante fina. Não havia razão para que pudesse ser vista lá de cima.

As notícias falsas se espalham como as epidemias. O modelo para estudar sua propagação é o mesmo. Em relação a uma informação errada estamos Suscetíveis, Infectados ou Removidos. E, quanto mais essa informação nos assusta, nos indigna ou nos enfurece, mais somos vulneráveis ao contágio.

Ontem, lemos em todos os lugares que a epidemia na Itália estava desacelerando. Desde esta manhã, os especialistas se esforçaram para provar o contrário: não há evidências, não ainda. A notícia, no entanto, já era endêmica. Corria pelo Facebook, pelo Twitter e entre os nossos inúmeros grupos de WhatsApp. Como a Covid-19 se move de avião, as mentiras se espalham muito rapidamente entre os smartphones.

Por fim, alguém ficará desapontado ao descobrir que a frenagem não ocorre. Sua decepção dará origem a outras especulações sobre o porquê, que irão ligar-se às anteriores. Até nossas ideias aproximativas formam um ecossistema, um ecossistema sem limites, onde tudo pode acontecer.

O deus Pã

Quando os jornais decidiram não publicar mais nos sites o número de contágios, fiquei infeliz e me senti traído. Comecei a consultar outros sites. No contágio, a informação transparente não é um direito: é uma profilaxia essencial.

Quanto mais um Suscetível é informado – sobre os números, os locais, a concentração de pacientes nos hospitais –, mais sua atitude será apropriada ao contexto. Nem em todos os casos, talvez; sempre haverá alguém que irá reagir inesperadamente, pois, principalmente, somos dotados de razão. As simulações levam em consideração a nossa consciência como um fator para atenuar a epidemia.

No entanto, desde os primeiros dias, os números foram acusados de semear o pânico. Melhor escondê-los, então, ou encontrar uma maneira diferente de contá-los, que os fizesse parecer inferiores. Sem perceber, imediatamente em seguida, que desse modo o pânico se tornava algo bem mais sério: se escondem a verdade de nós, é tudo muito mais sério do que parece. Depois de uns dois dias, os números reapareceram no site, e para ficar.

Esses desvios são o sinal de um relacionamento não resolvido. Um triângulo amoroso que parece ter sido encravado na modernidade, na qual os que não sabem se amar somos nós, os cidadãos, as instituições e os especialistas.

Se as instituições confiam nos especialistas, não confiam tanto em nós, em nossa capacidade emotiva. Nem mesmo os especialistas, de fato, confiam muito em nós, dirigem-se a nós de uma maneira muito simples, que se torna suspeita. Das instituições, suspeitávamos delas mesmo antes, e sempre suspeitaremos. Por isso, gostaríamos de nos dirigir novamente aos especialistas, mas os vemos vacilar. No final, na incerteza, comportamo-nos ainda pior, atraindo mais desconfiança sobre nós.

O vírus trouxe à luz esse círculo vicioso, um ciclo de desconfiança que se produz quase sempre que a ciência revela nossa cotidianidade. É do ciclo, não dos números, que emerge o pânico.

Por outro lado, o pânico é uma invenção circular do deus Pã. Às vezes, o deus emitia gritos tão altos que tinha medo de sua própria voz, e fugia aterrorizado de si mesmo.

Contar os dias

Acabei de receber um e-mail. Eu iria participar de um congresso em Zagreb. A ideia era reunir alguns estudiosos de diferentes disciplinas e países, e buscar juntos um novo significado para a expressão «ser europeu». Agora, os organizadores me convidam a «reconsiderar minha participação». As autoridades competentes desaconselham a presença de convidados provenientes de áreas em risco, e a Itália está entre elas, assim como a China, Cingapura, Japão, Hong Kong, Coreia do Sul e Irã. Uma gangue estranha. O G7 do contágio.

Enquanto a epidemia continua, atualmente com cerca de 100 mil infectados, testemunho a desintegração de meu calendário. Março será diferente do esperado. Abril, vamos ver. É uma estranha sensação de perda de controle, não estou acostumado, mas tampouco a confronto. Não há um único desses compromissos cancelados que não possa ser recuperado mais adiante, ou simplesmente perdido, e paciência, sem arrependimentos. Estamos diante de algo maior, que merece nossa atenção e nosso respeito. O que exige todo sacrifício e responsabilidade de que somos capazes.

Muito nessa crise tem a ver com o tempo. Com nosso modo de organizar, de inverter, de sermos submetidos ao tempo. Estamos à mercê de uma força microscópica que tem a arrogância de decidir por nós. Encontramo-nos novamente comprimidos e furiosos, como se estivéssemos num engarrafamento, mas sem ninguém por perto. Nessa compressão invisível, gostaríamos de voltar à normalidade, sentimos que temos o direito. De repente, a normalidade é a coisa mais sagrada que temos, nunca lhe tínhamos dado essa importância e, se pensarmos atentamente, não sabemos nem muito bem o que é: é o que queremos de volta.

Porém a normalidade está suspensa e ninguém pode prever por quanto tempo. Agora é o tempo da anomalia, devemos aprender a viver dentro dela, encontrando razões para acolhê-la, e que tais razões não se traduzam todas elas apenas no medo da morte. Talvez seja verdade que os vírus não tenham inteligência, mas nisso são mais habilidosos que nós: sabem mudar rapidamente, adaptar-se. Convém que aprendamos com eles.

O impasse em que estamos terá consequências ilimitadas – empregos perdidos, persianas fechadas, obstrução em todos os setores, cada um deles já trava uma luta com tais consequências. Nossa civilização pode permitir-se qualquer coisa, exceto a desaceleração. Mas o que acontecerá no futuro é um pensamento complexo demais para mim, não consigo apreendê-lo, desisto. Receberei as notícias quando vierem, uma de cada vez.

No Salmo 90, há uma invocação que me vem frequentemente à mente nessas horas:

Ensina-nos a contar nossos dias
e alcançaremos um coração sábio.

Talvez pense nisso porque na epidemia não fazemos nada além de contar. Contamos os infectados e os curados, contamos os mortos, contamos as internações e as manhãs sem escola, contamos os bilhões queimados pelas bolsas, as máscaras vendidas e as horas que faltam para o resultado dos testes; contamos os quilômetros do surto e os quartos cancelados em hotéis, contamos nossos laços, nossas renúncias. E contamos e recontamos os dias, especialmente os dias que nos separam de quando a emergência tiver ido embora.

No entanto, tenho a impressão de que o Salmo queira nos sugerir uma contagem diferente: ensina-nos a contar nossos dias para darmos valor a eles. A todos, também aos dias que nos parecem apenas um intervalo doloroso.

Podemos dizer para nós mesmos que a Covid-19 é um acidente isolado, uma desgraça ou um flagelo, gritar que a culpa é toda deles. Somos livres para fazê-lo. Ou podemos fazer um esforço para dar um significado ao contágio. Fazer um uso melhor de nosso tempo, aproveitá-lo para pensar no que a normalidade nos impede de pensar: como chegamos aqui, como gostaríamos de retomar nossa vida.

Contar os dias. Alcançar um coração sábio. Não permitir que todo esse sofrimento passe em vão.

Biblioteca antagonista

1 Isaiah Berlin – Uma mensagem para o século XXI
2 Joseph Brodsky – Sobre o exílio
3 E.M. Cioran – Sobre a França
4 Jonathan Swift – Instruções para os criados
5 Paul Valéry – Maus pensamentos & outros
6 Daniele Giglioli – Crítica da vítima
7 Gertrude Stein – Picasso
8 Michael Oakeshott – Conservadorismo
9 Simone Weil – Pela supressão dos partidos políticos
10 Robert Musil – Sobre a estupidez
11 Alfonso Berardinelli – Direita e esquerda na literatura
12 Joseph Roth – Judeus Errantes
13 Leopardi – Pensamentos
14 Marina Tsvetáeva – O poeta e o tempo
15 Proust – Contra Sainte-Beuve
16 George Steiner – Aqueles que queimam livros
17 Hofmannsthal – As palavras não são deste mundo
18 Joseph Roth – Viagem na Rússia
19 Elsa Morante – Pró ou contra a bomba atômica
20 Stig Dagerman – A política do impossível
21 Massimo Cacciari, Paolo Prodi – Ocidente sem utopias
22 Roger Scruton – Confissões de um herético
23 David Van Reybrouck – Contra as eleições
24 V.S. Naipaul – Ler e escrever
25 Donatella Di Cesare – Terror e Modernidade
26 W.L. Tochman – Como se você comesse uma pedra
27 Michela Murgia – Instruções para se tornar um fascista
28 Marina Garcés – Novo esclarecimento radical
29 Ian McEwan – Blues do fim dos tempos
30 E.M. Cioran – Caderno de Talamanca
31 **Paolo Giordano – No contágio**

Este livro foi composto nas fontes Arnhem e Brandon Grotesque e impresso pela gráfica Formato em papel Pólen Bold 90g/m², em abril de 2020 em Belo Horizonte.